essentials

essentials liefern aktuelles Wissen in konzentrierter Form. Die Essenz dessen, worauf es als „State-of-the-Art" in der gegenwärtigen Fachdiskussion oder in der Praxis ankommt. *essentials* informieren schnell, unkompliziert und verständlich

- als Einführung in ein aktuelles Thema aus Ihrem Fachgebiet
- als Einstieg in ein für Sie noch unbekanntes Themenfeld
- als Einblick, um zum Thema mitreden zu können

Die Bücher in elektronischer und gedruckter Form bringen das Expertenwissen von Springer-Fachautoren kompakt zur Darstellung. Sie sind besonders für die Nutzung als eBook auf Tablet-PCs, eBook-Readern und Smartphones geeignet. *essentials:* Wissensbausteine aus den Wirtschafts-, Sozial- und Geisteswissenschaften, aus Technik und Naturwissenschaften sowie aus Medizin, Psychologie und Gesundheitsberufen. Von renommierten Autoren aller Springer-Verlagsmarken.

Weitere Bände in der Reihe http://www.springer.com/series/13088

Reiner Thiele

Optische Signale und Systeme

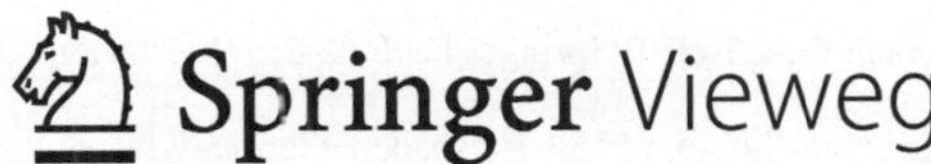

Reiner Thiele
Zittau, Deutschland

ISSN 2197-6708 ISSN 2197-6716 (electronic)
essentials
ISBN 978-3-658-26255-6 ISBN 978-3-658-26256-3 (eBook)
https://doi.org/10.1007/978-3-658-26256-3

Die Deutsche Nationalbibliothek verzeichnet diese Publikation in der Deutschen Nationalbibliografie; detaillierte bibliografische Daten sind im Internet über http://dnb.d-nb.de abrufbar.

Springer Vieweg

Springer Vieweg ist ein Imprint der eingetragenen Gesellschaft Springer Fachmedien Wiesbaden GmbH und ist ein Teil von Springer Nature
Die Anschrift der Gesellschaft ist: Abraham-Lincoln-Str. 46, 65189 Wiesbaden, Germany

Was Sie in diesem *essential* finden können

- Applikation von Wavelets zur Übertragung von Dreieck-Impulsen
- Definition charakteristischer Momente
- Gauß-Differenzialgleichungen für charakteristische Funktionen
- Effiziente Schaltungstechnik optischer Nachrichtensysteme

Vorwort

In optischen Nachrichtensystemen appliziert man Wavelets zur Signalübertragung. Man hat ihnen jedoch bisher zu wenig Aufmerksamkeit geschenkt. Deshalb stellen wir in diesem *essential* die Erzeugung, Übertragung und den Empfang geeigneter Wavelets in den Mittelpunkt der Betrachtung.

Zur mathematischen Darstellung spezieller Wavelets definiert man charakteristische Momente und Funktionen. Dadurch ergibt sich ein neuer Zugang zur Theorie der optischen Nachrichtentechnik, der ohne die Maxwell-Gleichungen der Elektrotechnik auskommt.

Praxisrelevante Aspekte sind dabei einfache Sender- und Empfängerschaltungen sowie ein ebenfalls einfaches Rekonstruktionsverfahren für das Modulationssignal.

Das Ziel des Autors ist es, die Diskussion zu den genannten Problemen unter den Fachkolleginnen und Fachkollegen anzuregen.

Reiner Thiele

Inhaltsverzeichnis

1 Einleitung

Moderne optische Nachrichtensysteme übertragen Wavelets bei hohen Bitraten. Dabei treten als Modulationssignal eher Dreieck-Impulse als konventionelle Rechteck-Impulse auf. Der physikalische Grund liegt in der endlichen Flankensteilheit realer Impulsformen. Die Flanken von Dreieck-Impulsen als elektrische Spannung an eine Laserdiode angelegt, bewirken im zeitabhängigen Teil des elektrischen Stromes des Sendebauelements nach der Modulation mit einem optischen Träger sogenannte Gabor-Wavelets. Sie werden mittels Lichtwellenleiter (LWL) zusammen mit einem modulierten Gleichanteil an eine Fotodiode als Empfänger im Elementbetrieb übertragen und dort demoduliert. Mit der Fotodiode rekonstruiert man das Modulationssignal als elektrische Spannung bei Leerlauf an ihren Klemmen.

Abb. 1.1 zeigt den grundsätzlichen Aufbau der vorgeschlagenen Punkt-Punkt-Verbindung. Dazu liefert die Spannungsquelle auf der Sendeseite die entsprechenden Dreieck-Impulse, und die Übertragung erfolgt mit Verschiebeströmen in Form inverser Gabor-Wavelets.

Die Eigenschaften der benötigten speziellen Laserdioden, LWL und Fotodioden werden in den nachfolgenden Kapiteln mathematisch beschrieben. Hierbei sind die Gleichungen für die charakteristischen Momente und Funktionen des jeweiligen Bauelementes von fundamentaler Bedeutung. Wir setzen hier die Applikation einer monochromatischen Laserdiode mit einer kreisförmigen aktiven Strahlungsfläche bei direkter Spannungs-Ansteuerung durch Dreieck-Impulse voraus.

Eine weitere Voraussetzung besteht im Einsatz schwach führender Monomode-Lichtwellenleiter mit kreisförmigem Querschnitt. Hierfür lässt sich die Feldverteilung in der Transversalebene für den Kern und Mantel des LWL durch eine einheitliche Funktion approximieren. Außerdem setzen wir den LWL als linear und zeitinvariant voraus. Dann ist die Übertragungsgleichung im Zeitbereich durch das Faltungsintegral für den LWL gegeben.

R. Thiele, *Optische Signale und Systeme,* essentials,
https://doi.org/10.1007/978-3-658-26256-3_1

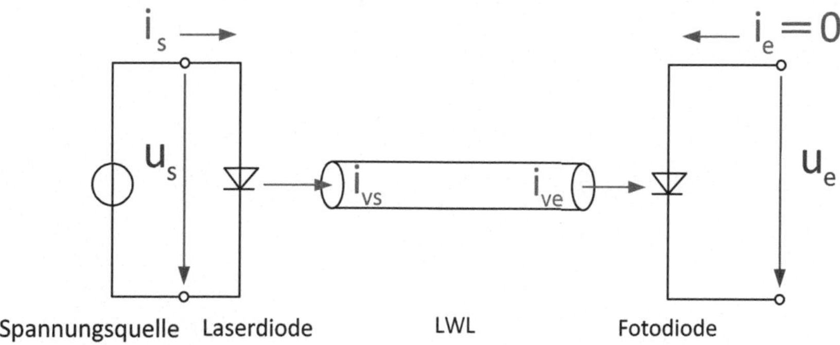

Abb. 1.1 Aufbau einer Punkt-Punkt-Verbindung zur Übertragung von Gabor-Wavelets

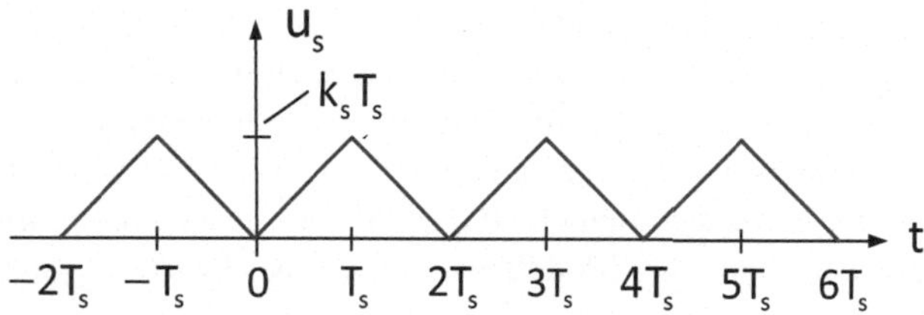

Abb. 1.2 Periodisches Modulations-Signal aus Dreieck-Impulsen

Die Fotodiode soll im relevanten Frequenzbereich eine konstante Fotoempfindlichkeit bei einer kreisförmigen Empfangsfläche für die Strahlung besitzen. Bis auf den Fotostrom wird für die Fotodiode eine typgleiche u-i-Relation wie bei der Laserdiode vorausgesetzt. Zur Beurteilung der Intersymbol-Interferenz (ISI) verwenden wir das periodische Modulations-Signal nach Abb. 1.2.

Laserdiode 2

In diesem Kapitel werden charakteristische Momente und charakteristische Funktionen definiert, die auf eine neue Form der u-i-Relation für die Laserdiode führen. Dabei zeigt sich, dass die charakteristischen Funktionen die Lösungen von Gauß-Differenzialgleichungen sind.

2.1 Grenzwerte

Laserdioden betreibt man in Durchlassrichtung, wobei der Durchlassbereich durch die nachfolgenden Grenzwerte im Zusammenwirken mit dem Kennlinien-Ansatz beschränkt ist.

- Grenzwerte

$$u_S \geq 0;\ \ i_S(u_S = 0) = 0;\ \ i_S(u_S = \infty) = I_S \tag{2.1}$$

- Kennlinien-Ansatz

$$i_S(u_S) = I_S\left[1 - \gamma_S(u_S)\right] \text{ mit } \gamma_S(u_S = 0) = 1 \text{ und } \gamma_S(u_S = \infty) = 0 \tag{2.2}$$

Abb. 2.1 zeigt schematisch die u-i-Kennlinie der Laserdiode.

R. Thiele, *Optische Signale und Systeme*, essentials,
https://doi.org/10.1007/978-3-658-26256-3_2

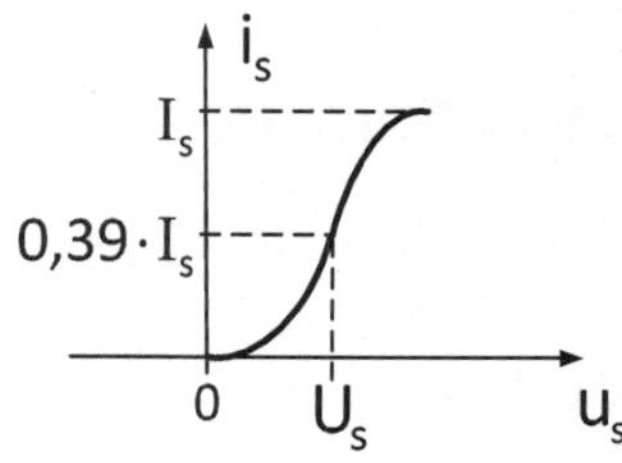

Abb. 2.1 u-i-Kennlinie der Laserdiode

2.2 Charakteristisches Moment

Wir definieren das charakteristische Moment 1. Art, d. h. U_s, mithilfe der charakteristischen Funktion $\gamma_s(u_s)$ in der Form

$$U_s^2 = \int_0^\infty u_s \, \gamma_s(u_s) \, du_s \tag{2.3}$$

Diese Definition macht nur Sinn für nichtnegative Spannungswerte u_s oder gerade charakteristische Funktionen.

2.3 Charakteristische Funktion

Die Herleitung der charakteristischen Funktion erfolgt mit dem Ansatz

$$U_s^2 = \frac{\int_0^\infty u_s \, \gamma_s(u_s) \, du_s}{\int_0^1 d\gamma_s} \quad \text{mit} \quad \int_0^1 d\gamma_s = 1 \tag{2.4}$$

Nach den Umformungen

$$\int_1^0 d\gamma_s + \int_0^\infty \frac{u_s}{U_s^2} \, \gamma_s(u_s) \, du_s = 0 \tag{2.5}$$

$$\int_0^\infty \underbrace{\left[\frac{d\gamma_s}{du_s} + \frac{u_s}{U_s^2} \, \gamma_s(u_s)\right]}_{=0} du_s = 0 \tag{2.6}$$

erhält man die Gauß-Differenzialgleichung (DGL) für die charakteristische Funktion

$$\frac{d\gamma_S(u_S)}{du_S} + \frac{u_S}{U_S^2}\,\gamma_S(u_S) = 0 \tag{2.7}$$

Aus (Gl. 2.7) folgt dann mit der Methode „Trennung der Veränderlichen" die Lösung

$$\gamma_S(u_S) = e^{-\frac{u_S^2}{2U_S^2}} \tag{2.8}$$

Die Gauß-Funktion nach (Gl. 2.8) ist die charakteristische Funktion der Laserdiode.

2.4 Kennlinie und Aussteuerung

Durch Einsetzen von (Gl. 2.8) in (Gl. 2.2) ergibt sich für die u-i-Kennlinie der Laserdiode

$$i_S(u_S) = I_S\left[1 - e^{-\frac{u_S^2}{2U_S^2}}\right] \tag{2.9}$$

Die Aussteuerung der Kennlinie erfolgt mit den Flanken des Dreieck-Impulses nach (Gl. 2.10).

$$u_S(t) = k_S|t| \quad \text{mit} \quad 0 \leq |t| \leq T_S \tag{2.10}$$

Für den elektrischen Strom der Laserdiode gilt somit

$$i_S(t) = I_S\left[1 - e^{-\frac{t^2}{2\tau_S^2}}\right] \quad \text{mit} \quad \tau_S = \frac{U_S}{k_S} \tag{2.11}$$

Aus (Gl. 2.11) liest man die charakteristische Zeitfunktion ab:

$$\gamma_S(t) = e^{-\frac{t^2}{2\tau_S^2}} \tag{2.12}$$

Darin stellt τ_S das charakteristische Zeitmoment mit der Definition nach (Gl. 2.13) für eine gerade charakteristische Zeitfunktion dar.

$$\tau_S^2 = \int_0^\infty t\,\gamma_S(t)\,dt \tag{2.13}$$

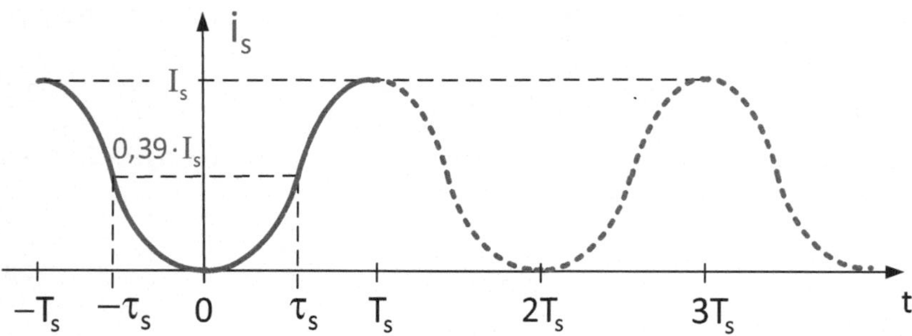

Abb. 2.2 Kennlinien-Aussteuerung bei der Laserdiode

Die Bestimmungsgleichung für die charakteristische Zeitfunktion ist also die Gauß-DGL

$$\frac{d\gamma_S(t)}{dt} + \frac{t}{\tau_S^2}\gamma_S(t) = 0 \tag{2.14}$$

Abb. 2.2 zeigt für die Laserdiode das Ergebnis der Kennlinien-Aussteuerung hinsichtlich ihres elektrischen Stromes einschließlich seiner periodischen Fortsetzung.

Der durchgezogene Graph entspricht dem Liniendiagramm für (Gl. 2.11) bei Berücksichtigung von (Gl. 2.10). Der gestrichelte Graph zeigt die periodische Fortsetzung der einzelnen Abschnitte des durchgezogenen Graphen an. Man erkennt, wie sich die Stromimpulse der Laserdiode bei Ansteuerung durch Dreieck-Impulse bezüglich der Spannung bilden.

Bei vorausgesetzter ISI-Freiheit der Dreieck-Impulse nach Abb. 1.2 erhält man auch ISI-freie Stromimpulse, entsprechend der u-i-Kennlinie der Laserdiode nach (Gl. 2.9).

Eine näherungsweise Vollaussteuerung der Kennlinie der Laserdiode ergibt sich, wenn die Bedingung nach (Gl. 2.15) erfüllt ist.

- Bedingung für Vollaussteuerung

$$T_S = 4\tau_S \tag{2.15}$$

Bei T_S beträgt der momentane Wert des Stromes 99,97 % des Maximalwertes. Das ist der sogenannte 4σ-Bereich mit $\sigma = \tau_S$, den man auch von der Normalverteilung kennt.

3 Lichtwellenleiter

Ausgehend vom Induktions- und Durchflutungsgesetz der Elektrotechnik wird zunächst die transversale Feldverteilung für den runden schwach führenden Monomode-LWL hergeleitet und daraus schlussfolgernd eine alternative Beschreibung auf der Grundlage des charakteristischen Ortsmoments und der charakteristischen Ortsfunktion angegeben. Darauf aufbauend erfolgt die Beschreibung der Kopplung der Systemelemente einer Punkt-Punkt-Verbindung mit den zugehörigen Kopplungsgraden. Mithilfe der ermittelten Impulsantwort des LWL lässt sich dann unter Verwendung des Faltungsintegrals für den als linear und zeitinvariant vorausgesetzten LWL das Übertragungsproblem für Wavelets mathematisch formulieren.

3.1 Feldverteilung

Zur Herleitung der transversalen Feldverteilung starten wir mit den Hauptgleichungen des Gleichungssystems von Maxwell, dem Induktions- und Durchflutungsgesetz in Differenzialform.

- Maxwell-Gleichungen

$$\text{rot}\,\vec{E} = -\frac{\partial \vec{B}}{\partial t} = -\mu_0 \frac{\partial \vec{H}}{\partial t} \tag{3.1}$$

$$\text{rot}\,\vec{H} = \frac{\partial \vec{D}}{\partial t} = \varepsilon \frac{\partial \vec{E}}{\partial t} \tag{3.2}$$

R. Thiele, *Optische Signale und Systeme*, essentials,
https://doi.org/10.1007/978-3-658-26256-3_3

Durch eine nochmalige Rotations-Bildung von (Gl. 3.1) und Einsetzen von (Gl. 3.2) folgt

$$\mathrm{rot\,rot}\,\vec{E} = -\mu_0 \frac{\partial}{\partial t}\,\mathrm{rot}\,\vec{H} = -\mu_0\varepsilon\,\frac{\partial^2 \vec{E}}{\partial t^2} \tag{3.3}$$

Die Signalübertragung soll, entsprechend des Ansatzes, mit der Längskomponente (z-Komponente) der elektrischen Feldstärke $\vec{E}_z$ erfolgen. Im Ansatz sind $\psi_r(r)$ und $\psi_t(t)$ die transversale Feldverteilung und das Integral eines speziellen Wavelets. $\hat{E}_z$ ist die Feldamplitude und $\vec{e}_z$ der Einheitsvektor in Längsrichtung (z-Richtung).

- Ansatz

$$\vec{E} = E_z\vec{e}_z = \hat{E}_z\psi_r(r)\psi_t(t)\vec{e}_z \tag{3.4}$$

Damit geht die Wellengleichung (Gl. 3.3) über in

$$\frac{1}{r}\frac{\partial\left(r\frac{\partial E_z}{\partial r}\right)}{\partial r} - \mu_0\varepsilon\,\frac{\partial^2 E_z}{\partial t^2} = 0 \tag{3.5}$$

$$\frac{1}{r}\frac{\partial\left(r\frac{\partial \psi_r}{\partial r}\right)}{\partial r}\psi_t - \mu_0\varepsilon\,\psi_r\,\psi_t'' = 0 \tag{3.6}$$

$$\frac{1}{r\,\psi_r}\frac{\partial\left(r\frac{\partial \psi_r}{\partial r}\right)}{\partial r} - \mu_0\varepsilon\,\frac{\psi_t''}{\psi_t} = 0 \tag{3.7}$$

$$\frac{1}{r\,\psi_r}\frac{\partial\left(r\frac{\partial \psi_r}{\partial r}\right)}{\partial r} = \mu_0\varepsilon\,\frac{\psi_t''}{\psi_t} = -k^2 = \mathrm{const.} \tag{3.8}$$

Somit zerfällt (Gl. 3.8) in die harmonische DGL und in die Bessel-DGL.

- Harmonische DGL

$$\psi_t'' + \left(\frac{kc}{n}\right)^2\psi_t = 0 \quad \text{mit} \quad c = \frac{1}{\sqrt{\varepsilon_0\mu_0}} \quad \text{und} \quad n = \sqrt{\varepsilon_r} \tag{3.9}$$

- Bessel-DGL

$$\frac{\partial\left(r\frac{\partial\psi_r}{\partial r}\right)}{\partial r} + k^2 r\psi_r = 0 \tag{3.10}$$

In (Gl. 3.9) ist c die Lichtgeschwindigkeit im Vakuum und n die optische Brechzahl als Wurzel aus der relativen Dielektrizitätskonstanten ε_r.

- Verschiebestrom im LWL

Einerseits definieren wir den senderseitigen Verschiebestrom $i_{vs}(t)$ als in den LWL eingekoppeltes Wavelet nach (Gl. 3.11) mit dem senderseitigen Kopplungsgrad $\eta_s$und der Kreisfrequenz ω_0 des optischen Trägers.

$$i_{vs}(t) = \eta_s \underbrace{i_s(t)\,e^{j\omega_0 t}}_{\text{Wavelet}} = \eta_s \underbrace{I_s\left[1-\gamma_s(t)\right]}_{\text{Kennlinien-Anteil}} \underbrace{e^{j\omega_0 t}}_{\text{Modulations-faktor}} \tag{3.11}$$

Andererseits ist der Verschiebestrom als Integral über die Verschiebungsstromdichte im LWL nach (Gl. 3.12) gegeben.

$$i_{vs}(t) = \int_A \frac{\partial \vec{D}}{\partial t} \cdot d\vec{A} = \varepsilon \int_A \frac{\partial \vec{E}}{\partial t} \cdot d\vec{A} \quad \text{mit} \quad d\vec{A} = dA_\perp \vec{e}_z \tag{3.12}$$

Nach Einsetzen von (Gl. 3.4) in (Gl. 3.12) ergibt sich

$$i_{vs}(t) = C_s \int_0^{r_0} r\psi_r\,dr \cdot \frac{2\pi\varepsilon\hat{E}_z}{C_s}\psi_t' \quad \text{mit} \quad dA_\perp = 2\pi r\,dr \tag{3.13}$$

Durch Zerlegung von (Gl. 3.13) erhält man bei Beachtung von (Gl. 3.11) die folgenden Gleichungen für den senderseitigen Kopplungsgrad und das inverse Gabor-Wavelet.

- Senderseitiger Kopplungsgrad

$$\eta_s = C_s \int_0^{r_0} r\psi_r\,dr \tag{3.14}$$

- Inverses Gabor-Wavelet

$$\psi'_t = K_s\left[1 - \gamma_s(t)\right] e^{j\omega_0 t} \quad \text{mit} \quad K_s = \frac{C_s I_s}{2\pi\varepsilon \hat{E}_z} \tag{3.15}$$

Das Einsetzen von (Gl. 3.15) in die harmonische DGL (Gl. 3.9) liefert die charakteristische Gleichung

$$\left(\frac{kc}{n}\right)^2 - \omega_0^2 \approx 0 \tag{3.16}$$

zur näherungsweisen Bestimmung der Wellenzahl k.

- Wellenzahl

$$k \approx n\frac{\omega_0}{c} \tag{3.17}$$

Dabei bezieht sich die Näherung darauf, dass die charakteristische Zeitfunktion $\gamma_s(t)$ langsam und der Modulationsfaktor $e^{j\omega_0 t}$ schnell veränderlich angenommen werden.

Wir befassen uns nun mit einer speziellen Näherung zur Lösung der Bessel-DGL. Dazu rechnen wir in (Gl. 3.10) den Differenzialquotienten aus und erhalten die folgende Darstellung der Bessel-DGL mit Null gesetzter zweiter Ableitung.

$$\underbrace{r\frac{d^2\psi_r}{dr^2}}_{\approx 0} + \frac{d\psi_r}{dr} + k^2 r\psi_r = 0 \tag{3.18}$$

Damit ergibt sich eine alternative Beschreibung für die transversale Feldverteilung eines runden schwach führenden Monomode-LWL, die ohne die Maxwell-Gleichungen der Elektrotechnik auskommt.

Alternative Beschreibung

- Gauß-DGL für die Feldverteilung

$$\frac{d\psi_r}{dr} + k^2 r\psi_r = 0 \tag{3.19}$$

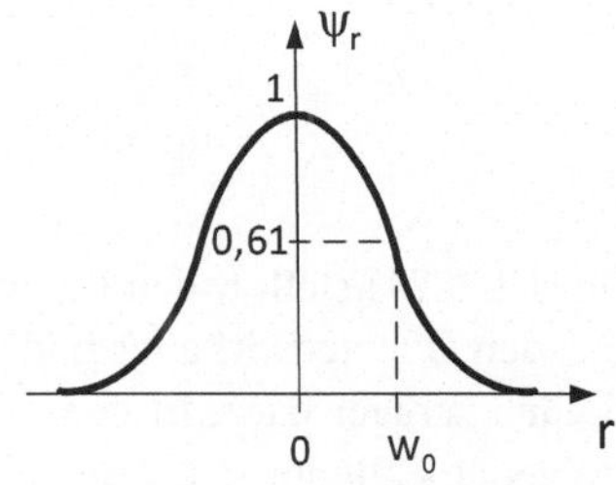

Abb. 3.1 Feldverteilung eines schwach führenden Monomode-LWL

- Charakteristische Ortsfunktion

$$\psi_r(r) = e^{-\frac{(kr)^2}{2}} = e^{-\frac{r^2}{2w_0^2}} \tag{3.20}$$

- Feldradius w_0 als charakteristisches Ortsmoment

$$w_0^2 = \int_0^\infty r\psi_r(r)\, dr \tag{3.21}$$

Die angegebene Definition für das charakteristische Ortsmoment eignet sich nur für gerade charakteristische Ortsfunktionen, wie es bei einer Gauß-Funktion der Fall ist.

Die charakteristische Ortsfunktion entspricht also einer gaußförmigen Feldverteilung $\psi_r(r)$ für den schwach führenden Monomode-LWL mit kreisförmigem Querschnitt. Der einzige Parameter ist darin der Feldradius w_0 als charakteristisches Ortsmoment. Abb. 3.1 zeigt den Graphen der gaußförmigen Feldverteilung einschließlich einer Methode zur Bestimmung des Feldradius w_0.

3.2 Senderseitiger Kopplungsgrad

Aus (Gl. 3.14) folgt mit (Gl. 3.20) für den senderseitigen Kopplungsgrad

$$\eta_s = w_0^2\, C_s \int_0^{\frac{r_0^2}{2w_0^2}} e^{-\frac{r^2}{2w_0^2}}\, d\left(\frac{r^2}{2w_0^2}\right) \tag{3.22}$$

$$\eta_s = w_0^2\, C_s \left[1 - e^{-\frac{r_0^2}{2w_0^2}}\right] \tag{3.23}$$

$$\eta_s(r_0 = r_s) = \eta_{s0} = w_0^2 \, C_s \left[1 - e^{-\frac{r_s^2}{2w_0^2}} \right] \tag{3.24}$$

In (Gl. 3.24) stellt r_s den Radius der aktiven Strahlungsfläche der Laserdiode und η_{s0} den Quantenwirkungsgrad als Verhältnis der Raten der erzeugten Fotonen und Ladungsträger dar. Mit dem Kernradius r_L des Monomode-LWL ergibt sich die folgende Fallunterscheidung für den senderseitigen Kopplungsgrad.

- Senderseitiger Kopplungsgrad

$$\eta_s = \begin{cases} \eta_{s0} \dfrac{1-e^{-\frac{r_L^2}{2w_0^2}}}{1-e^{-\frac{r_s^2}{2w_0^2}}} & \text{für} \quad r_0 = r_L \leq r_s \\ \eta_{s0} & \text{für} \quad r_L \geq r_s = r_0 \end{cases} \tag{3.25}$$

3.3 Impulsantwort und Übertragungsfunktion

Wir definieren für den LWL das folgende, hier verschwindende, charakteristische Moment 2. Art, d. h. σ_L.

- Charakteristisches Moment 2. Art

$$\sigma_L^2 = \int_{t_0}^{\infty} (t - t_0) \; g(t) \; dt \approx 0 \tag{3.26}$$

Darin ist g(t) die ideale Impulsantwort als verallgemeinerte charakteristische Funktion im Zeitbereich, und t_0 bezeichnet die Signal-Laufzeit.

Begründung
Das charakteristische Moment 2. Art ist näherungsweise Null, mit folgender Begründung:

1. Bei dem vorausgesetzten Monomode-LWL entfällt die Modenlaufzeitstreuung.
2. Die chromatische Dispersion lässt sich durch den Einsatz von Faser-Bragg-Gittern leicht beseitigen.

3. Die Polarisations-Modendispersion und die polarisationsabhängige Dämpfung vermeidet man bei Verwendung der Längskomponente (z-Komponente) der elektrischen Feldstärke, aus der sich der entsprechende Verschiebestrom gewinnen lässt.
4. Es ist einfach, die gewöhnliche Dämpfung mit faseroptischen Verstärkern zu kompensieren.

Mit

$$t\,g(t) - t_0\,g(t) = 0 \tag{3.27}$$

folgt aus dem Differenziationssatz der Fourier-Transformation

$$\frac{dG(j\omega)}{d\omega} + jt_0G(j\omega) = 0 \tag{3.28}$$

Darin stellt $G(j\omega)$ die Übertragungsfunktion als Fourier-Transformierte der idealen Impulsantwort $g(t)$ dar. (Gl. 3.28) wird nun mit dem folgenden Ansatz gelöst.

- Ansatz

$$G(j\omega) = K_L e^{\omega\lambda} \tag{3.29}$$

Das Einsetzen von (Gl. 3.29) in (Gl. 3.28) ergibt die charakteristische Gleichung und den Eigenwert λ.

$$\lambda + jt_0 = 0 \rightarrow \lambda = -jt_0 \tag{3.30}$$

Die Lösung von (Gl. 3.28) ist die ideale Übertragungsfunktion $G(j\omega)$ als charakteristische Funktion des LWL im Frequenzbereich.

- Ideale Übertragungsfunktion

$$G(j\omega) = K_L e^{-j\omega t_0} \tag{3.31}$$

Dabei gilt für die Konstante K_L

$$\begin{aligned} 0 < K_L &< 1 \rightarrow \text{Dämpfung} \\ K_L &= 1 \rightarrow \text{Dämpfungskompensation} \\ 1 < K_L &< \infty \rightarrow \text{Verstärkung} \end{aligned} \tag{3.32}$$

Durch Fourier-Rücktransformation von (Gl. 3.31) erhält man die ideale Impulsantwort als verallgemeinerte Funktion im Zeitbereich.

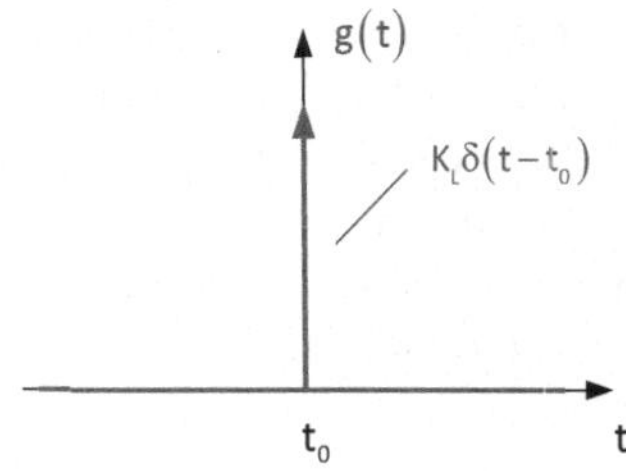

Abb. 3.2 Ideale Impulsantwort eines LWL als verallgemeinerte Zeitfunktion

- Ideale Impulsantwort

$$g(t) = K_L \delta(t - t_0) \tag{3.33}$$

Als bewerteter und verzögerter Dirac-Impuls charakterisiert diese Impulsantwort den entsprechenden LWL als verzerrungsfreies System.

Abb. 3.2 zeigt das Liniendiagramm der idealen Impulsantwort eines LWL mit Dispersionskompensation und eliminierter polarisationsabhängiger Dämpfung. Dann wirkt der Lichtwellenleiter wie ein isotroper Monomode-LWL mit wellenlängenunabhängiger optischer Brechzahl, also wie ein verzerrungsfreies System.

Auch die Definition des charakteristischen Momentes 2. Art macht nur Sinn für, bezüglich t_0, gerade charakteristische Funktionen. Das ist hier bei der idealen Impulsantwort des LWL als gerade, verallgemeinerte charakteristische Zeitfunktion der Fall.

3.4 Übertragungsgleichung

Wir fassen nun den LWL als lineares zeitinvariantes System auf und können somit die Wavelet-Übertragung mit dem Faltungsintegral nach (Gl. 3.34) unter Bezug auf Abb. 1.1 bei Verwendung von Verschiebeströmen beschreiben.

- Faltungsintegral

$$i_{ve}(t) = \int_{-\infty}^{\infty} i_{vs}(\tau) g(t - \tau)\, d\tau \tag{3.34}$$

Einsetzen von

$$i_{vs}(\tau) = \eta_s I_s \left[1 - \gamma_s(\tau)\right] e^{j\omega_0 \tau} \tag{3.35}$$

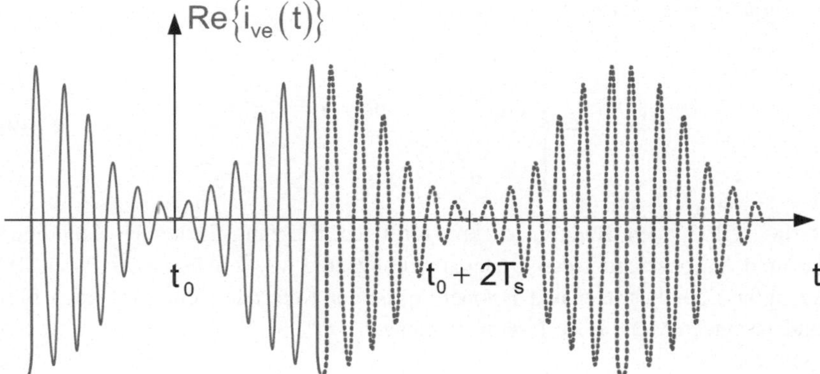

Abb. 3.3 Realteil des übertragenen Wavelets als Verschiebestrom am LWL-Ausgang

und

$$g(t-\tau) = K_L \delta(t - t_0 - \tau) \tag{3.36}$$

in (Gl. 3.34) liefert bei Applikation der Ausblendeigenschaft den folgenden Verschiebestrom als übertragenes Wavelet am LWL-Ausgang.

- Übertragenes Wavelet

$$i_{ve}(t) = K_L \eta_s I_s \left[1 - \gamma_s (t - t_0)\right] e^{j\omega_0 (t - t_0)} \tag{3.37}$$

Abb. 3.3 zeigt schematisch als durchgezogenen Graphen den Realteil des übertragenen Wavelets nach (Gl. 3.38) und als punktierten Graphen dessen periodische Fortsetzung. Selbst im worst case, der periodischen Fortsetzung, handelt es sich also unter den angegebenen Voraussetzungen um ein ISI-freies Signal.

- Realteil des übertragenen Wavelets

$$\mathrm{Re}\{i_{ve}(t)\} = K_L \eta_s I_s \left[1 - \gamma_s (t - t_0)\right] \cos[\omega_0 (t - t_0)] \tag{3.38}$$

3.5 Empfängerseitiger Kopplungsgrad

Mit der gleichen Methode, wie auf der Senderseite, erhält man auch den empfängerseitigen Kopplungsgrad η_e nach (Gl. 3.39).

- Empfängerseitiger Kopplungsgrad

$$\eta_e = \begin{cases} \eta_{e0} \dfrac{1-e^{-\frac{r_e^2}{2w_0^2}}}{1-e^{-\frac{r_L^2}{2w_0^2}}} & \text{für} \quad r_0 = r_e \leq r_L \\ \eta_{e0} & \text{für} \quad r_e \geq r_L = r_0 \end{cases} \tag{3.39}$$

Darin stellt r_e den Radius der kreisförmigen Empfangsfläche der Fotodiode dar, und η_{e0} bezeichnet den Quantenwirkungsgrad als Verhältnis der Raten der erzeugten Ladungsträger und Fotonen. r_L ist der Kernradius eines schwach führenden, runden Monomode-Lichtwellenleiters.

4 Fotodiode

Als Strahlungsempfänger wird eine Fotodiode im Elementbetrieb bei Leerlauf an den Klemmen vorgeschlagen. Dann bildet sich für den Fotostrom eine typgleiche u-i-Relation wie bei der Laserdiode, die eine einfache Signal-Rekonstruktion des Modulationssignals bezüglich der elektrischen Spannung an den Klemmen der Fotodiode ermöglicht. Zur Beweisführung hinsichtlich des Verfahrens zur Signal-Rekonstruktion benötigt man für den Strahlungsempfänger in Analogie zum Strahlungssender ebenfalls charakteristische Funktionen und Momente.

4.1 Fotostrom

Das übertragene Wavelet nach (Gl. 3.37) wird in die Fotodiode eingekoppelt und entsprechend der Wirkung des Demodulationsfaktors demoduliert. Man erhält für den Fotostrom (Gl. 4.1).

- Fotostrom

$$i_f(t) = \eta_e i_{ve}(t) \underbrace{e^{-j\omega_0(t-t_0)}}_{\text{Demodulations-faktor}} = K_L \eta_e \eta_s I_s \underbrace{[1-\gamma_s(t-t_0)]}_{\text{Kennlinien-Anteil}} \quad (4.1)$$

4.2 Kennlinie und Aussteuerung

Die bis auf den Fotostrom typgleiche u-i-Kennlinie der Foto- zur Laserdiode ist durch (Gl. 4.2) gegeben.

R. Thiele, *Optische Signale und Systeme*, essentials,
https://doi.org/10.1007/978-3-658-26256-3_4

Abb. 4.1 u-i-Kennlinie der Fotodiode

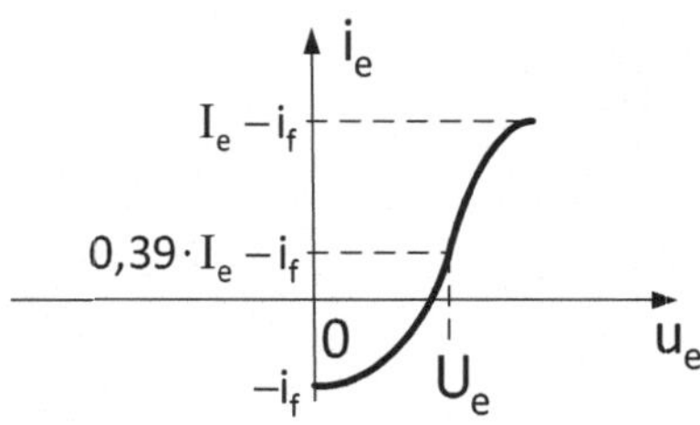

- u-i-Kennlinie

$$i_e = I_e\left[1 - e^{-\frac{u_e^2}{2U_e^2}}\right] - i_f \tag{4.2}$$

Abb. 4.1 zeigt schematisch die u-i-Kennlinie der Fotodiode.

Der Elementbetrieb der Fotodiode kann im Leerlauf erfolgen. Dann gilt (Gl. 4.3) für den Fotostrom.

- u-i-Kennlinie für den Fotostrom

$$i_e = 0 \rightarrow \; i_f = I_e\left[1 - e^{-\frac{u_e^2}{2U_e^2}}\right] \tag{4.3}$$

Abb. 4.2 zeigt die u-i-Kennlinie für den Fotostrom. Man erkennt die Typgleichheit mit der u-i-Kennlinie der Laserdiode nach Abb. 2.1.

Durch Einsetzen der charakteristischen Zeitfunktion der Laserdiode nach (Gl. 2.12) in (Gl. 4.1) ergibt sich für die Kennlinien-Aussteuerung der Fotodiode

$$i_f(t) = I_e\left[1 - e^{-\frac{(t-t_0)^2}{2\tau_s^2}}\right] \text{ mit } I_e = K_L \eta_e \eta_s I_s \tag{4.4}$$

Abb. 4.2 u-i-Kennlinie für den Fotostrom bei Leerlauf der Fotodiode

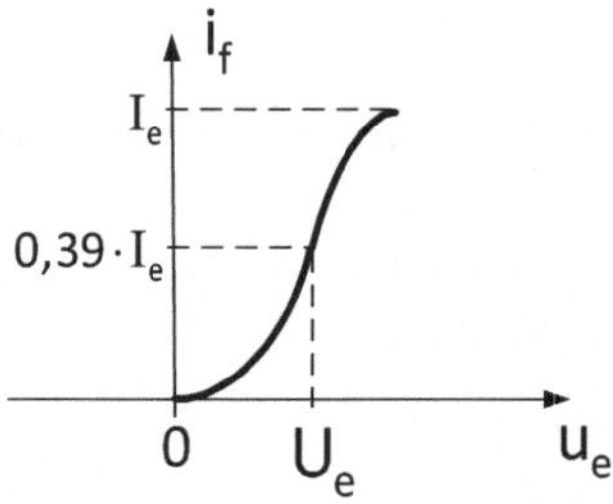

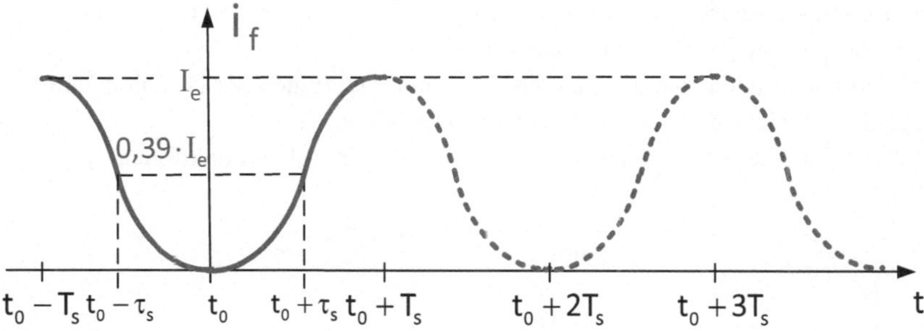

Abb. 4.3 Kennlinien-Aussteuerung bei der Fotodiode

In Abb. 4.3 finden Sie als durchgezogenen Graphen die Hüllkurve des empfangenen inversen Gabor-Wavelets, entsprechend (Gl. 4.4). Der gestrichelte Graph zeigt die periodische Fortsetzung der Hüllkurve des inversen Gabor-Wavelets als Abschnitte gaußförmiger Fotostrom-Impulse an.

Das Empfangssignal unterscheidet sich vom Sendesignal sowohl durch eine geänderte Amplitude als auch durch eine Verzögerung um die Signal-Laufzeit, bedingt durch Verluste an den Koppelstellen und im LWL sowie die Laufzeit-Eigenschaften des LWL als Systemelement mit verteilten Parametern. Da der Übertragungskanal näherungsweise wie ein verzerrungsfreies System wirkt, bleibt die Impulsform im Empfangssignal gegenüber dem Sendesignal erhalten.

4.3 Charakteristische Funktion

Formuliert man den Ansatz entsprechend (Gl. 4.5), so ergeben sich durch Vergleich mit (Gl. 4.3) und (Gl. 4.4) die charakteristischen Funktionen der Fotodiode.

- Ansatz

$$i_f(u_e) = I_e\left[1 - \gamma_e(u_e)\right] = I_e\left[1 - \gamma_e(t)\right] = i_f(t) \tag{4.5}$$

- Charakteristische Funktionen

$$\gamma_e(u_e) = e^{-\frac{u_e^2}{2U_e^2}} \tag{4.6}$$

$$\gamma_e(t) = e^{-\frac{(t-t_0)^2}{2\tau_e^2}} \quad \text{mit } \tau_e = \tau_s \tag{4.7}$$

In den angegebenen charakteristischen Funktionen bezeichnen U_e und τ_e die zugehörigen charakteristischen Momente.

Alternativ lassen sich die charakteristischen Funktionen der Fotodiode aus den zugehörigen Gauß-Differenzialgleichungen gewinnen.

- Gauß-Differenzialgleichungen für die charakteristischen Funktionen

$$\frac{d\gamma_e(u_e)}{du_e} + \frac{u_e}{U_e^2}\,\gamma_e(u_e) = 0 \tag{4.8}$$

$$\frac{d\gamma_e(t)}{dt} + \frac{t - t_0}{\tau_e^2}\,\gamma_e(t) = 0 \tag{4.9}$$

4.4 Charakteristisches Moment

Die charakteristischen Momente der Fotodiode sind unter den gleichen Voraussetzungen wie bei der Laserdiode durch (Gl. 4.10 und 4.11) definiert.

- Charakteristisches Moment 1. Art

$$U_e^2 = \int_0^\infty u_e \gamma_e(u_e)\, du_e \tag{4.10}$$

- Charakteristisches Moment 2. Art

$$\tau_e^2 = \int_{t_0}^\infty (t - t_0)\, \gamma_e(t)\, dt \tag{4.11}$$

4.5 Signal-Rekonstruktion

Aus (Gl. 4.1 und 4.5) folgt die Gleichheit der charakteristischen Funktionen von Laser- und Fotodiode bei Vollaussteuerung. Daraus ergibt sich das ideal rekonstruierte Spannungssignal an den Klemmen der Fotodiode.

- Gleichheit der charakteristischen Funktionen

$$\gamma_e[u_e(t)] = \gamma_s[u_s(t - t_0)] \tag{4.12}$$

- Ideal rekonstruiertes Signal

$$u_e(t) = u_s(t - t_0) \quad \text{für} \quad U_e = U_s \tag{4.13}$$

Wir beschreiben die Teilaussteuerung der Kennlinie der Fotodiode, ausgehend von (Gl. 4.14), mit den Aussteuerungsfaktoren α und β.

$$i_{fE}(t) = \beta I_e \left[1 - e^{-\frac{u_{e\alpha}^2(t)}{2U_e^2}}\right] = K_L \eta_e \eta_s I_s \left[1 - e^{-\frac{u_s^2(t-t_0)}{2U_s^2}}\right] \tag{4.14}$$

$$\rightarrow \quad \beta = \frac{K_L \eta_e \eta_s I_s}{I_e} \tag{4.15}$$

- Real rekonstruiertes Signal

$$u_{e\alpha}(t) = \frac{U_e}{U_s} u_s(t - t_0) = \alpha \cdot u_s(t - t_0) \tag{4.16}$$

$$\rightarrow \quad \alpha = \frac{U_e}{U_s} \tag{4.17}$$

Es gilt für die Aussteuerungsfaktoren

$$\begin{aligned} 0 < \alpha < 1 \text{ und } 0 < \beta < 1 \quad &\rightarrow \quad \text{Teilaussteuerung} \\ \alpha = 1 \text{ und } \beta = 1 \quad &\rightarrow \quad \text{Vollaussteuerung} \end{aligned} \tag{4.18}$$

Abb. 4.4 zeigt das rekonstruierte Signal, entsprechend (Gl. 4.16) und Abb. 1.2.

Man erkennt aus Abb. 4.4, dass unter den angegebenen Voraussetzungen auch das rekonstruierte Spannungssignal ISI-frei ist. Das Ersatzschaltbild der Fotodiode im Elementbetrieb folgt aus (Gl. 4.14). Man erhält zunächst für die Klemmenspannung

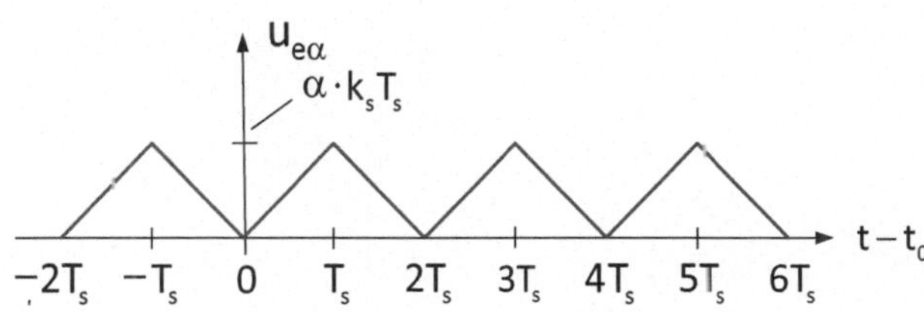

Abb. 4.4 Rekonstruiertes Signal an den Klemmen der Fotodiode

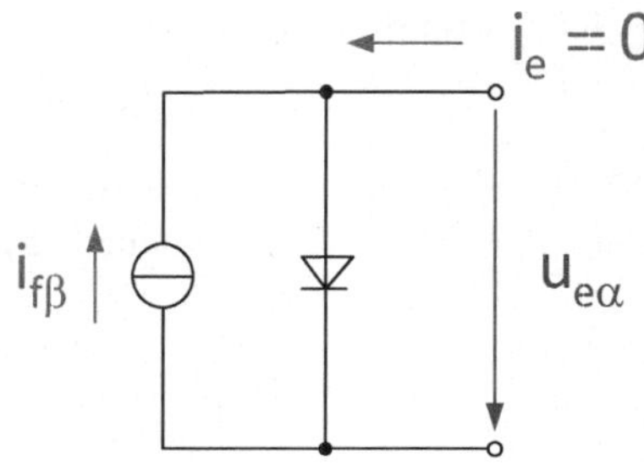

Abb. 4.5 Ersatzschaltbild der Fotodiode im Elementbetrieb

$$u_{e\alpha}(t) = U_e \cdot \sqrt{2 \cdot \ln \frac{1}{1 - \frac{i_{f\beta}(t)}{\beta \cdot I_e}}} \tag{4.19}$$

Daraus ergibt sich die Ersatzschaltung in Abb. 4.5.

Die Stromquelle beschreibt die Ansteuerung der Fotodiode, und die gewöhnliche Diode besitzt die u-i-Relation nach (Gl. 4.19). Das Ausgangssignal ist z. B. das rekonstruierte Signal nach Abb. 4.4.

5 Zusammenfassung

In diesem *essential* sind die Hardware-Anforderungen an moderne optische Nachrichtensysteme bei vereinfachter Schaltungstechnik mathematisch formuliert. Die Beschreibung von Laserdioden, Lichtwellenleitern (LWL) und Fotodioden erfolgt hier durch neu eingeführte charakteristische Momente und Funktionen als Alternative zu den Maxwell-Gleichungen der Elektrotechnik. Außerdem schlägt der Autor Dreieck-Impulse zur Übertragung vor, die den praktischen Gegebenheiten besser entsprechen als Rechteck-Impulse. Man ist sowieso nicht in der Lage, Rechteck-Impulse mit unendlicher Flankensteilheit zu erzeugen.

Damit ergibt sich das in den Tabellen zusammengestellte Gleichungssystem zur Beschreibung einer Punkt-Punkt-Verbindung (Tab. 5.1, Tab. 5.2 und Tab. 5.3).

Tab. 5.1 Charakteristika der Laserdiode

Charakteristik	Gleichung
u-i-Kennlinie	$i_s(u_s) = I_s\left[1 - \gamma_s(u_s)\right]$
Charakteristische Funktion	$\gamma_s(u_s) = e^{-\frac{u_s^2}{2U_s^2}}$
Charakteristisches Moment	$U_s^2 = \int_0^\infty u_s\, \gamma_s(u_s)\, du_s$

Tab. 5.2 Charakteristika der Fotodiode

Charakteristik	Gleichung
u-i-Kennlinie	$i_e(u_e) = I_e\left[1 - \gamma_e(u_e)\right] - i_f$
Charakteristische Funktion	$\gamma_e(u_e) = e^{-\frac{u_e^2}{2U_e^2}}$
Charakteristisches Moment	$U_e^2 = \int_0^\infty u_e\, \gamma_e(u_e)\, du_e$

R. Thiele, *Optische Signale und Systeme*, essentials,
https://doi.org/10.1007/978-3-658-26256-3_5

Tab. 5.3 Charakteristika des LWL

Charakteristik	Gleichung
Charakteristische Ortsfunktion	$\psi_r(r) = e^{-\frac{r^2}{2w_0^2}}$
Charakteristisches Ortsmoment	$w_0^2 = \int_0^\infty r\,\psi_r(r)\,dr$
Senderseitiger Kopplungsgrad	$\eta_s = \begin{cases} \eta_{s0} \frac{1-e^{-\frac{r_L^2}{2w_0^2}}}{1-e^{-\frac{r_s^2}{2w_0^2}}} & \text{für} \quad r_0 = r_L \leq r_s \\ \eta_{s0} & \text{für} \quad r_L \geq r_s = r_0 \end{cases}$
Eingekoppeltes Wavelet	$i_{vs}(t) = \eta_s I_s \left[1 - \gamma_s(t)\right] e^{j\omega_0 t}$
Charakteristische Zeitfunktion	$g(t) = K_L \delta(t - t_0)$
Charakteristisches Zeitmoment	$\sigma_L^2 = \int_{t_0}^\infty (t - t_0)\,g(t)\,dt \approx 0$
Übertragenes Wavelet	$i_{ve}(t) = K_L \eta_s I_s \left[1 - \gamma_s(t - t_0)\right] e^{j\omega_0 (t - t_0)}$
Empfängerseitiger Kopplungsgrad	$\eta_e = \begin{cases} \eta_{e0} \frac{1-e^{-\frac{r_e^2}{2w_0^2}}}{1-e^{-\frac{r_L^2}{2w_0^2}}} & \text{für} \quad r_0 = r_e \leq r_L \\ \eta_{e0} & \text{für} \quad r_e \geq r_L = r_0 \end{cases}$

Gegenstand des vorgelegten *essential* ist somit die Erläuterung der in der Zusammenfassung angegebenen Gleichungen.

Was Sie aus diesem *essential* mitnehmen können

- Definitionen für charakteristische Momente und Funktionen
- Übertragungsverfahren mit Wavelets
- Applikationen zur Gauß-Differenzialgleichung
- Grundzusammenhänge der optischen Nachrichtentechnik.

R. Thiele, *Optische Signale und Systeme*, essentials,
https://doi.org/10.1007/978-3-658-26256-3

Weiterführende Literatur

Thiele, R. (1997). *Systemtheoretische Grundlagen der Lichtwellenleitertechnik*. Studienheft ITI 7. Private Fern-Fachhochschule Darmstadt.

Thiele, R. (1998). *Systemtheoretische Grundlagen der Lichtwellenleitertechnik*. Studienheft ITI 8. Private Fern- Fachhochschule Darmstadt.

Thiele, R. (2002). *Optische Nachrichtensysteme und Sensornetzwerke. Ein systemtheoretischer Zugang*. Braunschweig: Vieweg.

Thiele, R. (2007a). *Schaltungsanordnung zur Messung elektrischer Ströme in elektrischen Leitern mit Lichtwellenleitern*. Deutsches Patent- und Markenamt, Nr. 102005003200 (19.04.2007).

Thiele, R. (2007b). *Schaltungsanordnung zur Messung elektrischer Ströme in elektrischen Leitern mit Lichtwellenleitern*. Deutsches Patent- und Markenamt, Nr. 102006002301 (15.11.2007).

Thiele, R. (2008). *Optische Netzwerke. Ein feldtheoretischer Zugang*. Wiesbaden: Vieweg.

Thiele, R. (2015). *Transmittierender Faraday-Effekt-Stromsensor*. Wiesbaden: Springer.

Thiele, R. (2015). *Reflektierender Faraday-Effekt-Stromsensor*. Wiesbaden: Springer.

Thiele, R. (2015). *Design eines Faraday-Effekt-Stromsensors*. Wiesbaden: Springer.

Thiele, R. (2015). *Test eines Faraday-Effekt-Stromsensors*. Wiesbaden: Springer.

Thiele, R. (2017). *Stromsensor mit zirkularem Polarisator und Regelkreis*. Wiesbaden: Springer.

Thiele, R. (2017). *Effiziente Faraday-Effekt-Stromsensoren*. Wiesbaden: Springer.

Thiele, R. (2013). *Partielle Riccati-Differenzialgleichungen*. Wiesbaden: Springer.

R. Thiele, *Optische Signale und Systeme*, essentials,
https://doi.org/10.1007/978-3-658-26256-3